享受混栽种植的乐趣

多肉植物 BOOK

~ 从多肉植物的繁殖技巧到混栽、装饰方法 ~

[日]季 色 著

唐 宁 译

U0333899

辽宁科学技术出版社

·沈 阳·

享受治愈系盆栽带来的美好生活

多肉植物是一种在严酷的自然环境下生长并进化至今的植物。我被它多样的形态和顽强的生命力所震撼，不禁喜欢上了它。

2003 年左右，大量的多肉植物被园艺家引进到日本，从此，它们开始广泛地进入到了大众的视野里。当时，多肉植物主要被当作一种适合种植在室外的植物介绍给大众，并被用于园林景观建设。此后，又作为一种室内装饰物，开始在杂货店等地方出售。与此同时，多肉植物开始被当作一种适合室内栽培的植物而获得了人们的喜爱，种植多肉植物也开始成为

一种时尚。究其受欢迎的原因，或许是由于种植方法比较简单，而且繁殖也较为容易。除此之外，多肉植物多被取以"虹之玉"、"银月"、"静夜"等十分具有创意性的名字，这也让人更容易对其产生亲切之感。据说，这些名字起源于多肉最开始被引进日本的江户时代和明治时代。当时的人们认为，与原来的英文名字相比，贴近日本生活的汉字名字更容易被人们所接受。

让我们将充满魅力的多肉植物融入到生活中，一起体会绿色生活所带给我们的乐趣吧。

目录

PART
1

拥有多肉植物的生活

让多肉植物融入生活

多肉植物是不需要每日浇水的植物。只要放置于有阳光照射的地方，即使在室内也能够种植。多肉植物最大的特点就在于：无论其开花与否，那些富有个性的叶子都会吸引我们的目光，并使我们的心情变得平和。根据室内环境而选择适合的多肉植物来装饰的话，便能在房间里营造出一种独特的氛围。在屋子中种植多肉植物能给我们的生活带来很多乐趣，在本书的这个部分，我们就针对这种与多肉共同生活的生活方式来提供一些好的建议。

要领
01

多肉植物放置的位置
会使家里的整体氛围
发生改变

通过将不同的多肉植物放置在不同的位置，能够改变屋内的氛围。所以对多肉种类和放置地点的选择非常重要。一般对多肉植物来说，采光和通风好的地点为最佳生长位置。但是在多肉植物之中，也有一些不喜欢阳光直射或是对寒冷和炎热的天气极其不适应的品种。

对于初学者来说，首先需要在种类繁多的多肉植物中找到自己所喜欢的种类，然后开始尝试实际操作去少量种植。虽然不需要每天都浇水，但是还是需要每日留意多肉植物的生长状态。如果能够做到熟练培育的话，再开始增加种植数量。通过尝试，就可以知道自己家中哪里最适合种植多肉植物。

对种植熟悉了以后，对适合屋子的花器的选择和多种多肉植物的搭配种植方面，便能产生很多种构思。下一页，我们就来介绍一下多肉植物在房间不同位置的布置方式。

大门·门口

　　大门和入口处，可以说是一个家的门面。使用株型较大的多肉植物拼合成的美丽的图案代替门牌，会使来访的客人心旷神怡。相对于室内来说，室外的环境更适合多肉的生长，所以对于初学者来说，将多肉种植在家门口或者入口处会更加容易。所处环境只要不被雨淋湿和霜降侵袭，一般来说多肉植物都能健康成长。

餐厅

　　种植在餐厅的多肉植物，能使我们的用餐和饮茶时间变得更加舒适和惬意。用于装饰餐桌的多肉植物，不用一直都放置在餐桌上，只要将种植在室外的多肉在举行宴会和招待宾客的时候拿来点缀就可以。将多肉植物紧紧地填满在一个小型的花盆内，这种搭配方式会让多肉植物看上去更加玲珑可爱。当然，对花盆的选择方面也需要更加用心。

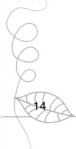

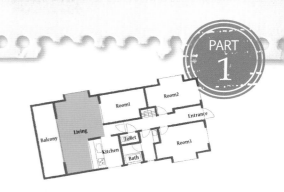

起居室（客厅）

　　客厅是家人最常使用的地方，这样热闹的场所摆放一些多肉植物也是极其适合的。在色调统一的环境下用一抹绿色加以点缀，会给人一种清爽干净的感觉。拥有适当采光和通风的客厅，是多肉植物生长极为合适的场所。如果客厅的采光和通风环境欠佳，可以经常将多肉植物拿到室外，或是换个位置摆放等，对多肉植物的日常照料是必不可少的。

		Room1		Room2	
Balcony	Living				Entrance
		Kitchen	Toilet		Room3
			Bath		

楼梯

　　楼梯是连接上下层十分重要的空间。但是因为形状的关系，很可能会形成例如楼梯拐角这样的死角。此时，我们就可以在拐角处摆放一些多肉植物。如此一来，即使是这样的小空间，也会使观者在看到它的一瞬间感到放松。与小型的盆栽相比，大型的多肉植物更加适合摆放在楼梯的位置。就适合种植的类型来说，以那些一年四季能变换不同颜色和形态的类型为佳。

（上图为大型天龙）

厨房

　　厨房中一般都摆满了餐具、盘子、食材等多种物品。这里很容易变成一个过于重视实用性，而忽视了视觉美观的空间。让我们试试把多肉植物布置到这里。有了多肉植物点缀，将为我们每日在厨房内的烹饪时间增加不少乐趣。如果家里的厨房采光不好，就一定不要忘记经常把多肉植物放在阳光下晒晒太阳。

（图右上为筒叶花月，左上为唐印、下为混搭种植）

卫生间

　　卫生间是日常生活中不可缺少的地方。通过将多肉植物布置到卫生间，也能够将其变成一个可以令人放松的空间。那些害怕阳光直射、用叶子前端透明的部分来吸收阳光的多肉植物，正好适合种植在这里。用玻璃杯作为种植多肉植物的容器，可以给人以清新干净的印象。虽说在卫生间里，多肉也可以健康地生长，但是对于那些没有窗子的卫生间，还是不适合种植多肉植物。

（图左为白斑玉露，图右为姬玉露）

洗漱间

　　作为每天早上整理妆容和睡前刷牙洗脸的场所，洗漱室的实用性往往更重于美观性。因此，这个空间就往往成了一个各种物品堆积，杂乱无章的地方。在这样的空间里，用多肉植物来装饰其中的一个角落，往往能起到画龙点睛的作用。火祭是一种对光线照射比较敏感的多肉植物，所以在洗漱室里种植火祭是再适合不过的了。

（上图左为姬玉露，右为白斑玉露，中间为火祭）

Room1　Room2
Entrance
Balcony　Living
Kitchen　Toilet
Bath　Room3

卧室

　　放置在卧室的多肉植物，能够起到促进睡眠的作用。清晨的满眼翠绿，能够让我们的起床心情变得清爽。比起多种类植物的搭配种植，在光线不足的卧室更适合放置单个种类的多肉植物。良好的光照和通风，是多肉植物健康成长的必要条件。所以当植物看上去没有活力的时候，就需要将植物移到室外。

（上图为红粉台阁）

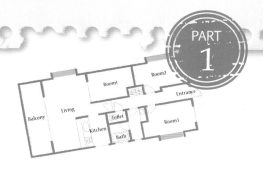

飘窗

　　窗户附近，是室内种植多肉植物最好的空间。特别是飘窗，采光良好，对于种植多肉植物来说是极佳的场所。将多种小型的多肉植物搭配种植在一起，会使明亮的屋子里春色盎然。只要注意通风和适当浇水，便可以和室外环境一样使多肉植物健康地生长。

要领

02

有效利用阳台空间种植
多肉植物

Room1   Room2

Living   Entrance

Balcony   Kitchen Toilet   Room3

　　阳台聚集了有利于多肉植物生长的各种要素，是一个非常宝贵的场所。阳台拥有着适当的光照和良好的通风条件，有屋檐的阳台还可以避免风雨侵袭。让我们把阳台合理利用起来吧！首先，需要在阳台的角落处开辟出一个种植多肉植物的专属空间，或者可以根据阳台的具体环境，将多肉植物巧妙地点缀其中。

PART
2

何为多肉植物

让人越养越喜欢的多肉植物的小秘密

　　所谓多肉植物，指的是茎和叶子较厚，能够贮藏大量水分的植物。生长在干燥地或盐碱地，植物表面覆盖着一种叫作角质层的坚硬的膜，便是它们的普遍特征。多肉植物包括仙人掌、盐角草、龙舌兰、景天科、芦荟等很多种类，只要牢牢地掌握了基本的种植方法，无论是单个品种或是多种类植物的混合种植，都能够轻松应对。

熟悉多肉植物，掌握培育技巧

多肉植物是原产于沙漠等高温干燥地带，并能够在严酷的自然环境下生长的生命力顽强的植物。为了能够形成利于贮藏水分的内部构造，多肉植物多呈现出茎短小而叶片肥厚这样的独特形态。虽说是产自高温地带的植物，但也能够适应寒冷气候，而且培育起来比较简单。以上这些优点便是多肉植物的魅力所在。

　　多肉植物的种类有上千种之多，但是我们可以按照四季来把多肉植物分成春、夏、秋、冬这4个类型。夏种型多肉，从春季生长到秋季，冬季进入休眠期。冬种型多肉，从秋季生长到第二年春季，在夏季进入休眠期。春种、秋种型多肉，在春秋两季生长，而在冬季和夏季则均进入半休眠状态。除此之外，我们还可以根据根系的大小将其大致分成粗根型和细根型两个类型。

　　不同种类的多肉植物，其生长所需要的光照、气温和水分量也有所不同。而且即便是同一种多肉植物，在不同的日照、水分和通风条件下，叶片的质感、颜色和生长速度也会有差异。所以，经常检查茎叶和土壤的状态，是十分必要的。虽说种植的方法比较简单，但是多肉植物会因不同的生长环境呈现出多种多样的形态变化。

培育重点

掌握采光、通风和浇水的方法

培育多肉植物中最为重要的是：给予其充足的日照和通风，并适当地浇水。即便室外与室内的环境有所不同，但是只要把握好日照、通风和浇水这三点，便能使多肉植物健康地生长。

过量的日照或是给予过多的水或营养，都会使多肉植物枯死。因此，在种植前，掌握基本的培育方法是十分重要的。

因种类和每株植物的特点不同，其对日照、通风、气温和水分变化所产生的反应也会有所不同。所以可以根据叶片和土壤，适当地对日照和通风等进行调整。

1 日照

虽然充足的日照是十分重要的，但是盛夏时节，下午的强烈暴晒会灼伤叶片或耗尽植物的养分。所以，光照的强度以明亮柔和的光线为佳。 像景天科的景天属和青锁龙属等夏种型多肉都喜欢除盛夏时节以外的阳光直射，像羽扇等冬种型多肉就更喜欢斜照类型的较弱的阳光照射。

2 通风

因为多肉产自干燥地带，所以干燥和透气性好的生长环境对其来说是生长的必要条件。如果放置在湿度大的环境中，就会使其根部腐烂、发生霉变。请将其摆放在没有强风直吹的户外，或是不受空调和电扇直吹的室内，室内空气循环相对较为温和为佳。

3 浇水

浇水可以按照春秋两季每月两次，冬夏两季每月一次进行。因为植物是从根部吸收水分，所以在叶片上洒水，并不会起到浇水的效果。土壤表面干燥且植物表面出现褶皱，便是应该浇水的信号。将水从土壤表面注入，直到有水从花盆底部流出为宜。

小贴士

留意日照不足的情况

在日照条件不好的情况下，为了获得足够的光照，植物便会向上生长，植物的茎叶不断地长长，出现徒长的状态。这会使根部的生长跟不上枝叶过度伸长的节奏，出现营养无法到达叶片、叶片变得虚弱的情况。如果只有植物的一部分能照到阳光，植物的生长会朝着光源的方向倾斜以致长歪。遇到上述情况需要注意。

右图一眼看上去，长得比较高，似乎看起来生长情况良好，但是这种情况容易造成营养供应不足，植物容易患病。像左图这样，即使长得比较低矮，但是可以使根部得到充分的生长，整个植株就会变得很健康。

提供合适的生长环境和适当地打理

通过适当地浇水来培育多肉植物

虽说室外环境比较适合多肉植物的生长，但是如果能够提供适当的生长环境，室内也可以培育出健康的多肉植物。让我们根据每个种类和植株的特点，来确定好各自生长所需要的光照、水分和通风条件。

室 外

放置在室外，使其直接接触风和阳光

将多肉植物放置在室外，就可以让其直接地感受到早晚温差和日照强度的变化。在这种不断变化的环境中，可以使其更加茁壮健康地生长。要注意避开日光的暴晒、强风和雨水的侵袭，将其放在房檐下等比较好的位置。与室内相比，发生病虫害的概率会更高一些，所以要更加细心地对植物的生长状况进行检查。

室 内

即使在室内，也会有季节性的变化，所以要给其提供适当的生长环境

如果是摆放在室内，应选择像窗台这样的光照和通风都较好的位置。如果是喜欢弱光线的类型，则要用纱制的窗帘或遮光罩来调节光照强度。多肉植物的休眠期和开花都是根据季节来进行的，所以在室内也要给其提供相应的生长环境。

1 将水慢慢 注入土壤表面

浇水时，要注意一定要将水从植物的茎底部注入土壤表面，直到有水从花盆的底部流出为止。如果将水不慎沾到植物的叶子上，沾水处受到日光直射的时候，容易被灼伤成棕黄色，所以要充分注意。使用瓶口带有管嘴儿的水壶浇水，就能使水在不碰到叶子的情况下注入花盆里。

2 用插入竹签的方式 来检查土壤的干燥 状况

为了不造成植物根部腐烂，要在土壤内部干燥的状态下浇水。在浇水后，为了让水分不留在土壤中，应将植物放置在通风良好的地方。检查水分和透气性是否良好的方法，就是在浇水的一周后，用插入竹签的方式来进行查看。

3 何为合适的水分含 量和透气性

插入竹签，待取出后，竹签上没有沾有土壤的话，就说明土壤内部是干燥的。如果一周后，土壤是干燥的话，就说明植物所处的位置比较合适。如果土壤湿润的话，竹签上就会沾有泥土。此时就需要将植物移到通风良好的位置。所以一定要检查土壤内部的情况。

06

不同季节的养护方法

按照季节的变化给予植物相应的照料

　　为了保持多肉植物长期健康生长，按照气候的变化给予适当的照料是十分重要的。在春季和秋季这两个气候比较温和的季节，努力促进植物的生长；而在夏季和冬季这两个环境相对较为严酷的季节，巧妙地帮助植物顺利渡过难关。让我们来一起享受种植多肉植物的乐趣吧！

1 春季的养护

对于植物来说，春季是生长最为旺盛的时期。将植物放置于能够接触到阳光和春风的位置，按照每月两次的频率给予充足的水分。但是在梅雨季节到夏季之间，为了使花盆内不出现闷养现象，可以相应减少浇水量。

2 夏季的养护

夏季日照强烈，湿度也很大，所以应将植物放置在不受阳光直射且通风良好的地方。如果是在室内，可以用窗帘或遮光罩遮挡，还可以利用电风扇来给其适当的通风。以土壤偏干燥为标准，每月浇水一次，浇水的时间以傍晚到夜间之间的时间段为宜。

3 秋季的养护

秋季和春季一样，是植物的生长季节。应将植物放置在有阳光照射和通风良好的地方。每月浇水两次。在秋雨连绵的日子里，要将种植在室外的多肉植物移到房檐下或者室内。当秋天树木开始落叶的时候，开始减少浇水量。

4 冬季的养护

冬季里，请将多肉植物放置在不会被霜冻侵袭的阳光充足的地方。因为在有光照的低温环境下生长，多肉植物能够呈现出多彩鲜艳的颜色。浇水每月一次，在早晨进行。如果是在室内种植，应留意因为室内供暖而造成的温度升高和干燥情况。

混植的基本方法

用少数几种多肉来掌握混植的操作程序

混植，可以在一个花盆中体会到欣赏多种多肉植物的乐趣。初学者可以先尝试用少数几种幼苗来进行混种，当掌握了诀窍以后，再逐渐增加种植的数量和种类。根据所种植种类的不同，每株植物生长的情况也会有所差别。所以在栽下幼苗后，需要经过一段时间，盆中的植物才会呈现出整体的平衡和层次感。

初次进行混植时，因为幼苗的数量较少，选择体型较小的种类比较容易打理。

选择同为夏种型、冬种型或春种型、秋种型的多肉来进行混植，比较容易掌握浇水的时间。至于颜色、质感和形态等方面，就可以按照自己的喜好来进行选择购买。

所需要的工具材料有：幼苗、花盆、土壤、盆底小石子、盆底防护网、筒状小铲子、小镊子等。购买园艺专用的工具，可以使操作更加简易。

在移植后，不要浇水，先让其保持干燥。在移植到新花盆内 3 天到一周后，幼苗已经适应了新环境的时候，再给予足够的水分。

1 准备花盆和防护网

先将防护网按照花盆底部空洞的大小进行裁剪。裁剪后的大小，以略大于盆地部孔洞为宜。

2 将防护网放置在盆底

将防护网放置在盆底。防护网有防止小石子掉落和害虫侵入的作用。如果手中没有园艺专用的防护网，也可以使用装水果的网袋或厨房用的滤水网来作为替代品。

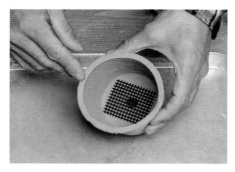

3 放入盆底小石子

要将小石子铺满整个花盆底部。盆底小石子可以在盆底形成一定空间，改善透气性，从而起到防止根部腐烂、促进植物根部生长的作用。小石子可以选择陶器或者瓷器的碎片，粉碎的苯乙烯泡沫也可以代替小石子来使用。

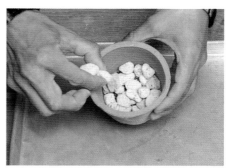

小贴士

土壤的选择方法

用于种植多肉植物的土壤，可以选择市场上出售的专用土。不过，试试自己调配用于种植的土壤，也是一件有趣的事。在这里向您推荐的是，将鹿沼土、赤玉土、培养土和稻壳炭按照3：3：3：1的比例进行混合。关于土壤的详细信息息，可以参照P54。

图左上为稻壳炭，右上为培养土，左下为鹿沼土，右下为赤玉土。

4 倒入土壤

用筒状小铲子将土壤填入花盆的一半高度。筒状小铲子是一种十分方便的工具，可以把土壤轻易地填入小型或是边缘比较狭窄的花盆内。没有筒状小铲子也可以使用形状较为细长的小铁锹。

5 将想要种植的幼苗从育苗盆中取出

从育苗盆中取出幼苗。植株较小的幼苗，使用小镊子取出。因为在育苗盆内，幼苗的根系与土壤是牢牢地盘绕在一起的，所以需要在不弄伤根系的前提下，轻轻剥去根上的土。

6 将想要种植的幼苗用手组合在一起

如果幼苗体积较小的话，可以用双手将幼苗组合成自己想要的搭配形状。这样事先调整好的形态，在移入花盆时不容易走形。要一边调整植物组合的整体形象，一边进行操作。

小贴士

适宜移种的时间

配合着植物的生长周期来选择移种时间比较合适，而最佳时间则是在植物由休眠期进入到生长期的这段时间。夏种型为春季，冬种型为秋季，春种型、秋种型为春季和秋季。推荐在晴朗日子的上午来进行移种。在隆冬和盛夏时节，要避开多雨的日子。在进行移种的一周前，停止浇水，让土壤保持干燥。

7 将组合好形状的幼苗
保持原样栽入土中

将组合在一起的幼苗保持原样，栽入花盆内并使其固定。在操作过程中，为了使多肉组合造型不被破坏，要用手牢牢地抓住，同时将花盆扶稳。

8 从上方继续填入土壤

为了将幼苗固定住，要从上方填入土壤，对花盆内剩余的空间进行填充。为了方便日后浇水，不要填得太满，以露出花盆顶端的边缘部分为标准。

9 使用小镊子进行调整

使用小镊子，对植物的根部进行微调。检查土壤中是否还存在空隙。如果有必要，还可以对植物的位置进行调整。最后，轻轻按压土壤，使幼苗固定。

10 完成

将花盆轻轻朝下敲击几下，使盆内土壤夯实。在完成移种以后，从各个角度对搭配的整体效果进行检查。

选择花器

选择与整体构思相符的花器

　　我们在对喜欢的多肉植物进行混栽的时候之前，最好先构思一下将多肉种在什么样的花器内更好。即便是同一棵植物，因其所栽种的花器不同，也会给人不一样的印象。

　　在园艺中，可以选择小盆子、玻璃盒子、空铁罐等物品来当作花器。虽然很多东西都能用来当作花器，但是在选择花器的时候，要充分考虑是否有良好的透气性和植株之间是否有足够的生长空间等因素。

　　比较常见且比较适合栽种多肉植物的，是土陶

制的花器。这种花器具有很好的储水和排水性，而且能够给予根部适当的空间来使其接触空气。可以从底部是否有透气孔、重量和坚硬度、形状和颜色等多个方面来选择合适的花器。

搪瓷花器

搪瓷质的花器，指的是表面涂上玻璃质的涂层，然后在高温下烧制而成的器皿。光滑的质感显得很有个性，但是因为底部没有透气孔，所以需要在浇水和透气性方面多加注意。

土陶花器

土陶的花器，因为是在没有涂抹涂层的情况下低温烧制而成的，所以有一定的透水性和透气性。虽然有一定的重量，但是因为其适用于任何种类的植物，所以推荐初学者使用。

陶制花器

陶制的花器，经过了涂抹涂层和高温烧制，很多方面不如土陶的花器，但是在透水性和透气性，以及在抵御日光和水分侵袭方面还是有一定的优势。跟自然烧制的土陶相比，陶制的花器经过染色等加工，更富有设计感。

纤维黏土花器

所谓纤维黏土，是在用于制造陶器的黏土内，掺入树脂和玻璃纤维后加工而成的一种材料。这种材料，不仅能展现出传统花器的质感，而且还兼有牢固、重量轻的优点，是一种容易上手的花器。

铁艺花器

铁艺的花器，因其造型多变的特点，成为了室内装饰的宠儿。虽然因其底部没有透气孔，透气性不是很好，但是在浇水后，可以将花器倾斜，将内部多余的水分滤出来。

木制花器

木制的花器，具有透水性、透气性好和底部容易钻孔等特点。因种类、涂抹涂料和防腐处理等因素，木制花器会有很大区别，单纯使用天然木材制作而成的花器，容易因水的浸泡而腐烂或日久老化。

小贴士

基础

土陶、陶制或是塑料制的花器，底部都有透气孔。如果是底部没有透气孔的花器，除了在浇水方面注意之外还有十分重要的一点，就是使用颗粒较大的土壤，营造出能够使空气到达植物根部的生长环境。

钻空

如果是底部没有透气孔的花器，可以用电钻等工具在底部钻开一个孔洞。因为可能会造成花器开裂，所以要先用最细的钻头打眼儿，然后一点点地将打眼儿处扩大，最后用较粗的钻头将孔洞钻成自己需要的尺寸。

PART
3

熟练种植的技巧

让多肉植物健康成长，
并逐渐增加植株数量

　　如果多肉植物生长顺利，我们就可以来挑战一下增加植物的棵数了。将一株多肉分离开来种植，叫作"分株"。分株的方法有让一片叶子在土里发芽生根的"叶插"和将切下的茎种入土中的"扦插"这两种方法。植株数量的增加，也会增加栽培的乐趣。

选择健康的幼苗是
培育的关键

仔细观察幼苗的嫩芽、枝条、茎的生长状态，是甄别幼苗是否健康的方法。如果幼苗上带有很多饱满的嫩叶，则说明其根系发育得健康、充满活力。如果嫩芽长势不旺且数量不多的话，则可能说明其根部已经腐烂。除此之外，叶子数量的多少以及植物的茎和枝条是否粗壮结实，也是需要检查和确认的因素。

应选择叶片之间没有空隙的植株，避免选择茎或枝条细长、柔弱的植株。

光照不足的植物，会出现枝条和茎伸长，产生在营养不足的状态下生长的徒长状态（照片右）。在购买时，应选择个头不高，能够充分接受光照并枝叶紧凑的幼苗（照片左）。（图品种为柳叶莲华）

〇　　　×

接受充足光照，叶子变红，嫩芽紧凑的幼苗（照片左）。光照不足，叶片颜色浅淡，叶片间隙大的幼苗（照片右）。

在叶片方面，叶片是否呈现出该植物本应呈现的美丽色泽、靠近植物根部的下层叶片是否健康是十分重要的选择标准。下层叶片的状态直接反映出根部的生长状况。而且，观察叶片是否变色，也能够帮助我们判断其是否遭遇了病虫害的侵袭。

如果有根系从花器的边缘或底部长出，则可能说明花器内部已经长满了根系，不利于水分的吸收，出现了爆根的现象。所以在购买的时候，不光要从上面观察，还应该从花器底部和侧面等多个角度来好好地进行检查。

分株

通过分株增加 植株数量

将植物从花器内取出，轻轻将其从根部分成数株，以此来增加多肉植物的株数。

当植物出现爆棚状态，或是自己想增加植物株数的时候，就可以对植物进行分株。因为分株是一种让植物带根繁殖的方法，所以在移植到新花器内以后，植物就可以迅速适应并生长。因此，这种方式对初学者来说比较合适。

分株，一方面可以增加种植的乐趣，另一方面，也可以给植物创造更优良的生长环境。增加的植株根部经过修整后，栽种到有利于抵御病虫害的更加宽敞的生长空间内，可以使植物生长得更加健康。

为了不给植物根部增加负担，应选择在温暖的季节进行分株。在进入生长期之前的 3 月中旬和 9 月中旬进行分株，是最为适宜的。在进行分株时，保证土壤干燥十分重要。

分株的操作程序

准备好用于分株的植物，并确认土壤干燥。

将小镊子插入土壤中并向上翘动，轻轻地将植物从花器内取出。

用双手握住植物根部。

一边用指尖轻轻抖落根上的土壤，一边用眼睛确认根部的状态并找到植株间的分界点。

在确保不伤到根部的前提下，轻轻地将植株分开。

去除掉附着在分离后植株体上面的多余土壤。

用手指轻轻按压，将植物固定在土壤中。

在花器底部铺好防漏网，放入小石子和新土，并将分株后的多肉移植到花器里。

将分离好的其他植株，也按照同样的操作程序栽种到不同的花器内。

填入土壤，将花器内剩余空间填满。

通过上述操作，植物的根被移植到新土中，而且有了充足的生长空间，这样对植物的健康成长更加有利。

要领
11

防虫

从影响植物寿命的
害虫口中保护多肉植物

在植物生长过程中，有时会有害虫附着在植物的茎和叶片上，削弱植物生命力。在植物的营养被掠夺和侵蚀之前，应使用农药来进行处理。

种植在室内的植物，都有可能受到虫害的侵袭，种植在室外的就更不必说了。如果叶片的边缘有缺失，或是茎或根部有虫子附着在上面，则说明植物的生长已经受到了影响。

在病虫害的事先防御和事后处理方面，应使用对植物伤害较小的农药。片剂类农药的使用方法为将其掺入土壤中，随后药物成分通过植物的根部被吸收，从而扩散至叶片以及植物整体，起到防虫和杀虫的作用。

虫害易发生在温暖的季节，所以在此之前，需提前将农药掺入土壤中。为了从害虫口中保护多肉植物，平时就需要仔细检查植物的表面和背面，以及枝条和茎等部位。时刻了解植物的生长状态非常重要。

叶插

通过叶插的方式，从一片叶子上繁殖出新的植株

叶插，是一种体现多肉植物生命力旺盛特点的繁殖方式。因为只需要将叶片放入土壤之中就可以进行培育，所以即使对于初学者来说，这种繁殖方法也可以轻松地进行尝试。

对于叶片中储藏有很多水分的多肉植物来说，因其顽强的生命力，即使只通过一片叶子，也可以进行繁殖。通过叶片来进行繁殖的叶插，应选用靠近根部的叶子。选用健康的叶片，更容易长出根和新芽。将土壤铺入开口宽阔且平整的容器内，并将叶片放置在土壤上面。

一般来说最快1~2个月就能开始长出新的根和幼芽，并成长为新的植株。具体时间根据多肉植物的品种和所处环境的不同略有差异。随着植株的生长，最初放在土中的叶片会慢慢枯萎。

比较适合采用叶插法的多肉种类有白凤、虹之玉和姬胧月等品种。应避开盛夏和严冬时节，选在比较容易发芽的温暖季节里进行叶插。

1 取叶片

用手指牢牢捏住叶片，将其从茎上取下。在整体保持干燥的情况下，更容易取下叶片。

2 摆放

将叶片正面朝上摆放在干燥的新鲜土壤上面。屋檐下或室内的柔和光照为合适光照，不要浇水。

3 埋入土壤中

几天过后，当长出了根，将根部轻轻埋入土中，并浇水。当发出新芽、植株开始长大的时候，将其栽入花器中。

小贴士

在取叶片的时候，要从叶片的
根部轻轻地取下

在取叶片的时候，需要从叶片的根部轻轻地将其取下。因为是用来发芽繁殖的，所以一定要确保取下的叶片没有缺损。另外十分重要的一点是，要避开病弱的叶片，选择健康和生机勃勃的叶片。叶插的成功与否，可以说基本上取决于"选叶"的情况。

扦插

通过扦插的方式来繁殖出新的植株

　　扦插，是一种将剪下的枝条植入土壤中来进行繁殖的方法。这种方法的关键在于在长出根之前不要浇水。

　　将剪下的枝条植入土壤里，植物就会从下面长出根，并生长成一棵新的植株。这种繁殖方式，被称为扦插。在进行扦插的时候，首先应该考虑到新花器的大小及形状，将枝条剪成适当的长度。将枝条剪下后，把准备埋入土中部分的叶片都去掉。过几日后，待切口处变干，将其插入完全干燥的土壤中。如果土壤中

含有多余的水分的话，会影响到根系的生长。

　　将其插入土壤后，先不要浇水，经过3周左右，开始有新根生长出来后，再给其浇水。适合扦插的时间为3月和9月的春分、秋分时节前后。为了让植株更好地生根，应避开炎热和寒冷的气候。

扦插的操作程序

考虑到移植花器的因素，确定好剪枝的长度和尺寸。

用一只手扶住准备剪下的枝条，使用剪刀将其剪下。

几日后，在被剪下的枝条的原植株上面，会长出新芽。

将准备插入土壤的部位上面附着的叶片去掉。

待切口处变干以后，使用小镊子，在不弄坏茎叶的基础上，轻轻地将枝条植入干燥的土壤里。

在栽种的过程中，要注意留出适当的间隙，以利于生长出的根系能够顺利成长。

进行扦插后，在长出新根之前，请不要浇水。

混栽的修整方法

对生长走样儿的混栽进行修整

如果因撞击等原因导致混栽的植物整体形态走样儿的话，应轻轻地将植株重新栽种回正确的位置。

修整前　　　　　　修整后

即使进行混栽时多肉植物的整体形态很整齐，但也可能因为某些原因造成花器活动或者掉落，从而使混栽的植物整体形态走样儿。如果放任不管的话，不光看上去不美观，还可能使营养无法被充分吸收而不利于生长。此时，让植物的根牢牢地固定在土壤内，并调整每棵植株的位置，就显得十分重要。

混栽的修整方法是：确认每一棵植株的位置，并将其调整到适当的方位。将植物从土壤中取出的时候，为了不伤及根部，应将工具插入土壤深处将其轻轻地挖出。之后，将其移植到合适的位置，填入土壤使根部固定。如果混栽的规模较小，使用小镊子或其他细小的工具更有利于操作。

修整的操作流程

将已经走样儿的混栽内的植株，在不弄伤其根部的前提下，轻轻地用小镊子取出。

一定要给重新植入的植物留出充足的生长空间，将新幼苗的根牢固地植入土壤中。

用单手扶住花器，在不影响其他植株生长的前提下，固定好新栽入的植株。

从上方一点点加入新土，以填满花器内的空隙，并用手轻轻按压，使植株固定。

检查一下其余植株是否需要修整，如果需要的话，将其从根部拔出。

应在考虑整体颜色搭配和形态平衡的前提下，对混栽的植物进行修整。

土壤的种类

根据植物的种类和特性，选择能使其健康生长的土壤

对于多肉植物的生长来说，土壤的选择是非常重要的。要保证所使用的土壤有一定的透气性、排水和保水性以及适量的营养成分等。

稻壳灰

培养土

鹿沼土

赤玉土

混合后的土壤

因为多肉植物是通过根部吸收营养来生长的，所以选择合适的土壤就显得极其重要。为了使植物的根系健康生长，最好选择排水性和透气性佳、富有营养成分的土壤。

根据植物的种类将各种营养成分事先调配好的培养土，是一种十分方便且使用方法简单的土壤。对于叶片较小的品种来说，只需要使用培养土，就可以使其健康生长。但是对于那些体型较大或是生长环境特殊的植物，就需要将培养土与其他种类的土壤进行混合后使用。这样更能促进植物的生长。我们推荐大家使用的是将培养土与赤玉土、鹿沼土和稻壳灰，按照3：3：3：1的比例调配而成的土壤。

在湿度较高的季节里，应在培养土内追加赤玉土或鹿沼土，以提高土壤的透气性。在植物的生长季节里，应多加入培养土，来补充土壤内的营养成分。

鹿沼土

呈白色或黄色等浅色，因其是由浮石所形成的颗粒，所以具有优越的排水性和透气性。虽说它也有一定的储水性，但是几乎不含有任何营养成分。可以将其与含有营养成分的土壤混合使用，起到提高土壤的排水性或储水性的作用。

赤玉土

因为是长期堆积在地下的火山灰，虽然里面没有微生物且很少带有细菌，但是所含的营养成分也很少。赤玉土是由黏土性质的红土在干燥后形成的颗粒，所以具有很好地保持水分和营养成分的特性，还具有排水性和透气性。

培养土

用枯叶等腐烂而成的腐叶土、用作肥料的营养素、石灰等混合在一起而形成的土壤，叫作培养土。植物生长所需要的营养成分都被事先掺入培养土里。根据用途不同，培养土中所掺入的成分和每种成分所占的比例也有所不同。

强化土壤成分的稻壳灰

稻壳灰，是将稻壳焚烧后所产生的碱性物质。通过将其掺入土壤中，能提高土壤的排水性和透气性，提高土壤中的营养成分。因其含有丰富的矿物质，所以可以提高植物对疾病的抵抗力。

PART
4

符合不同主题的混栽

通过将不同植物进行混栽来体验设计多肉植物拼盘的乐趣

　　了解了多肉植物的特性，并通过学习掌握了基础的培育方法，接下来就让我们来体验一下自由搭配混栽的乐趣吧！叶片的颜色或形状、枝条的长度等，各种各样形态都可以按照自己的意愿来创造和呈现。混栽，可以根据"颜色"、"高度"、"形态"、"长度"或"渐变色"等主题来进行搭配。事先在脑中描绘出一幅作品完成后的蓝图，混栽搭配会进行得更顺利。

要领
16

灵活运用多肉植物的个性来完成各种不同的设计方案

在 PART4 这个部分里，将介绍按照各种不同主题来进行的混栽搭配。每一个作品，都有着符合主题的搭配重点，所以请大家留意观察。混栽的操作程序，大家可以参照 P34 页所介绍的内容进行操作。在进行大型混栽时，也可以像下图那样，用一根 U 形的铁丝来支撑整体形态，这是为了确保每一棵植物都不出现倒伏而使用的小窍门。

小贴士 在混栽搭配中，用于固定植物的方法

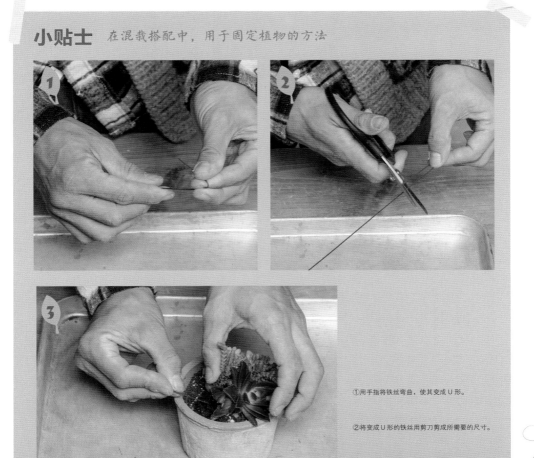

①用手指将铁丝弯曲，使其变成 U 形。

②将变成 U 形的铁丝用剪刀剪成所需要的尺寸。

③将 U 形铁丝在植物根部附近插入土壤，使其固定。

17

充分利用色彩搭配的混栽①

将色彩斑斓的多肉栽入
小巧精致的花器内

将很多色彩缤纷的小型多肉植物集中栽种入一个较小的花器内，便完成了一个
生机勃勃、色彩绚丽的混栽。

通过在花器内植入三色花月锦、姬秋丽、
红叶祭、姬胧月等叶片呈红色的多肉植物，
使整个混栽呈现出美轮美奂的绚烂色彩。

栽种时要让整体看上去像一个小小的树林

1 因为盆内植物之间的密度很大，所以容易造成盆内湿度过大的现象。因此应该使用透气性好的土壤。还应该选用底部有透气孔的花器，以防止植物的根部腐烂。

2 在混栽时，应选择株体较小的植物，将其聚集在一起种植在花器内。将尺寸高低不同的植物分别安置在高低不同的位置，使每一株植物都能够看得见。

3 在绿色的植物之中栽种红色系的红叶祭、姬胧月或三色花月锦等植物，明艳的颜色将起到画龙点睛的作用。在栽种的过程中要考虑到色彩的平衡搭配。

小贴士

⑩植物名：红叶祭
生长期：春天至秋天
科　名：景天科
属　名：青锁龙属
特　征：是相对比较耐寒和耐热的品种，比较易于种植。温度降低时，会呈现出美丽的红色。

⑪植物名：姬胧月
生长期：春季至秋季
科　名：景天科
属　名：风车草属
特　征：原产自墨西哥，耐寒，即使在户外也可以越冬。良好的日照可以使其叶片变成红色。通过叶插的方式繁殖。

PLANTS LIST

1. 若绿　　　　2. 三色花月锦　　3. 若歌诗
4. 蓝松　　　　5. 虹之玉锦　　　6. 玉米石
7. 新玉缀　　　8. 大唐米　　　　9. 姬秋丽
10. 红叶祭　　　11. 姬胧月　　　　12. 蓝色天使

充分利用色彩搭配的混栽②

用红、白、粉三色来打造带有祝福寓意的混栽

红、白、粉三色能够呈现出喜庆的感觉。可以让珍珠吊兰在花盆上面垂下，以增加整体的质感。

银月的叶子表面覆盖有一层白色的粉末，使其一年到头都呈现出白色。银月的培育难度很大，甚至会出现某一天突然间就死掉的现象。银月对湿热的环境适应力较差，所以应在花器的透气性方面多加注意。

先将混栽中沿盆壁垂下的多肉栽种好

1 要先将混栽中沿盆壁垂下的珍珠吊兰和鹿角海棠栽种好。在考虑整体的美感和平衡的前提下，确定好垂下的长度。

2 充分合理地利用红叶祭的红色、银月的白色和蓝石莲的粉色，来搭配栽种出和谐漂亮的混栽。将相对较为高大的紫啸鸫作为中心突出点，其他多肉的绿叶点缀在其硕大的叶片中间，可以使整体看上去更加和谐和富有层次感。

3 鹿角海棠每年开花一次，开出的黄色小花可以给花盆增加一道亮丽色彩。除此以外，欣赏植物的生长和不断变化的植物形态，也是种植混栽多肉植物的一种乐趣。

小贴士

② 植物名：银月
生 长 期：夏
科　 名：菊科
属　 名：千里光属
特　 征：在叶片表面仍然附着有叶片，随着生长会长成半月形。

① 植物名：紫啸鸫
生 长 期：春、秋
科　 名：景天科
属　 名：厚叶草属
特　 征：呈紫色，体型可以长得较大的品种。

PLANTS LIST

1. 紫啸鸫	2. 银月	3. 红叶祭
4. 蓝石莲	5. 珍珠吊兰	6. 覆轮丸叶万年草
7. 虹之玉	8. 鹿角海棠	9. 三色花月锦
10. 宇宙锦	11. 若绿	12. 花蔓草锦
13. 薄雪万年草	14. 森村万年草	

活用植物高低差的混栽

利用不同的高度来营造立体感

如果在混栽中植株高矮有致，就可以使整个混栽富有立体感。选好作为盆中主角来重点突出的植株，制作出一个富有层次感的作品吧。

虽说在照片中是一株橙红色的秋丽，但是在夏季的时候，则会变成鲜艳的黄绿色。随着季节的变化，作为主角的植株的颜色也会随之变化。

将较高的植物
放在正中间或是偏左的位置

1 想要种植出有高低差的混栽，首先需要选出盆
内较高的植株。可以将色彩独特的黑法师作为
盆中的主角，安排在最高的位置上。

2 将秋丽种植在第二高的位置上，可以在最高和
最低植物之间起到连接的作用。其他的植物就
可以安排在较低的位置，设计出整体上看起来
富有立体感的结构。

3 将大叶植物放置在中心，其他较小叶片的植物
围绕在其周围。秋丽在夏季会变成色泽鲜艳的
黄绿色。这样一来，便可以欣赏到随着季节的
变化，植物叶子所呈现出的不同色彩。

小贴士

①植物名：黑法师
生 长 期：冬
科　　名：景天科
属　　名：莲花掌属
特　　征：虽说是在冬季生长的品种，但
是却不能承受霜冻以上程度的
寒冷温度，所以比较适宜种植
在温度较低的室内。

②植物名：秋丽
生 长 期：夏
科　　名：景天科
属　　名：风车草属
特　　征：粉红色的叶子是其特点，能开
出黄色的花朵。在根部和叶片
的中间部分会生长出新的植株
幼芽。

PLANTS LIST

1. 黑法师　　　　2. 秋丽　　　　　3. 白凤
4. 波尼亚　　　　5. 红叶祭　　　　6. 塔松
7. 虹之玉　　　　8. 蓝松　　　　　9. 覆轮万年草
10. 若绿

四面无死角的混栽

要使盆栽从哪个角度看都漂亮

不单独凸显某一株植物，而是在栽种时调整好每株植物之间的位置，使其在任何角度看上去都很和谐漂亮。

这是一种看上去每一株植物都很自然和谐的混栽方式。从低处向上仰视，会觉得这盆混栽似乎是自然生长在水泥制的花器之上。

按照盆栽从哪个角度看
都漂亮的标准进行栽种

1 因为是四面无死角的混栽，所以盆内的所有植物都应栽种在同一高度上。要做到不让任何一株植物十分突出，匀称地调整每棵植株的位置。

2 在较大叶片的间隙中插入形状细小的叶片，以增加层次感。在红色系的植物旁边种植绿色系的植物，使颜色搭配和谐。

3 做到无论从哪个方向看叶片，都像是从正面看过去一样的标准，来调整植物的朝向。从花盆上方看下去，植物的叶子应当都是朝向花盆外侧的。

小贴士

⑦植物名：乙女心
生长期：夏
科 名：景天科
属 名：景天属
特 征：当叶子变色的时候，会呈现出粉红色，看上去十分惹人喜爱。

⑤①植物名：虹之玉
生长期：夏
科 名：景天科
属 名：景天属
特 征：如果将其放置在较为干燥和阳光充足的位置，在冬季就能变成红色。

PLANTS
LIST

1. 黛比
2. 姬胧月
3. 覆轮万年草
4. 若绿
5. 虹之玉
6. 蓝松
7. 乙女心

1. 虹之玉
2. 红叶祭
3. 虹之玉锦
4. 姬胧月
5. 若歌诗
6. 玉米石

以正面取胜的混栽
选好盆栽中的中心植物，
装饰搭配好混栽的正面

确定好作为整个盆栽中心突出的植物，使盆栽从正面看上去最漂亮。此时应选择形态上具有特点的植物。

取名为养老的多肉，是形状如同玫瑰花的花蕾一般非常有特色的植物。养老这种多肉，在组合突出正面的多肉混栽时，非常适合用来作为主角植物

将盆内植物以簇拥着中心植物
的形式种植在一起

1 将养老和月美人作为盆栽的主要植物，将其安置在从正面看去处于盆内中心突出的位置。在其周围种植一些小型的多肉植物来进行搭配。

2 要按照从花盆正面看上去，从后往前植物高度递减的原则来进行种植。用小型的多肉来填补大型多肉植物之间的空隙，以使盆内植物之间看上去没有间隙。

3 将叶片宽厚的植物和叶片较小的植物进行合理的搭配，可以使盆栽更加富有表现力。可以将叶片发红的红叶祭种植在正面较低的位置，成为盆中的亮点。

小贴士

① 植物名：养老
生长期：春、秋
科　名：景天科
属　名：石莲花属
特　征：植物的叶片形状如同花瓣一样，整个植物呈花朵状生长。

④ 植物名：月美人
生长期：夏
科　名：景天科
属　名：风车草属
特　征：呈淡淡的灰色，比较类似的植物有"星美人"。

PLANTS LIST

1. 养老	2. 红叶祭	3. 姬星美人
4. 月美人	5. 紫蛮刀	6. 白凤
7. 姬胧月	8. 鹿角海棠	9. 若绿

具有一定延伸性的盆栽
使植物从高处向低处垂下

将像藤蔓般生长的植物放置于较高的位置，就能营造一个如同植物窗帘一般的景象。

珍珠吊兰虽说是一种不适合夏季阳光直射的植物，但是却比较喜欢日照。如果是种植在室内，将其放置在采光、通风条件较好的位置，会有利于其球状的叶片茁壮生长。

珍珠吊兰需要用保水性较好的土壤来培植

1 相对于湿度大的环境，珍珠吊兰更喜欢偏干燥一些的生长环境，所以应使用排水性较好的土壤来种植。因为需要将其放置在较高的位置上，所以应选用既轻便又坚固的材料所制成的花盆或器皿来进行栽种。

2 在木制的盒子内装入土壤，将珍珠吊兰种植在土壤里。确定好想要观赏的藤蔓长度，将其从花盆的正面垂下。

3 只要敷上土壤，自然就会生根。要尽量避开阳光的直射。应在土壤彻底干燥后再进行浇水，否则容易造成根部腐烂。

小贴士

植物名：珍珠吊兰	
生长期：夏	
科　名：菊科	
属　名：千里光属	
特　征：生有很多球状的叶片，看上去非常惹人喜爱。	

珍珠吊兰　　比较耐旱，不适合生长在湿度较高的环境中。因此需要控制浇水的量。在植株长大后，让其接触到柔和的阳光，便能开出小巧可爱的白色花朵。

71

要领 23

颜色富有层次感的盆栽

把颜色深浅不一的各种绿色植物整合在一个作品里

发挥每一棵植物所具有的特性，将颜色深浅不一的各种植物合理地搭配在一起。

这是一种通过展现植物富有层次感的颜色来获得美观效果的混栽方法。多种类的多肉通过合理的搭配，所构成的形态和色彩具有一定的层次感，给观赏者以独特的感官享受。因为重点在于突出植物多变的形态，所以应选用比较简单素雅的花器来种植。

按照从正面开始，从前往后的
顺序依次种植

1 从正面开始依次向后种植。先将需要从花器正面垂下的垂盆草种植好，然后从外向内依次进行栽种。同种类的植物应隔开种植，以增加盆内色彩的变化。

2 覆轮万年草需要在盆内整体分散种植，以起到作为绿色陪衬的作用。将小球玫瑰种植在花盆正中到靠后的位置，让其亮眼的红色成为盆内的点睛之笔。

3 在横向生长的植物中间穿插种植纵向生长的若绿，以增加植物间衔接的流畅性。将较为高大的三色花月锦种植在花盆靠后的位置，使整个盆栽更加具有纵深感。欣赏三色花月锦叶子背面的脉络，也是观赏的乐趣之一。

小贴士

② 植物名：垂盆草
生长期：春、秋
科　名：景天科
属　名：景天属
特　征：因为呈鲜艳的黄色，所以也经常被作为广场绿化植物来使用。

① 植物名：覆轮万年草
生长期：夏
科　名：景天科
属　名：景天属
特　征：原产日本。比较耐热，而且除了严寒地区之外，也能顺利越冬。横向生长的植物。

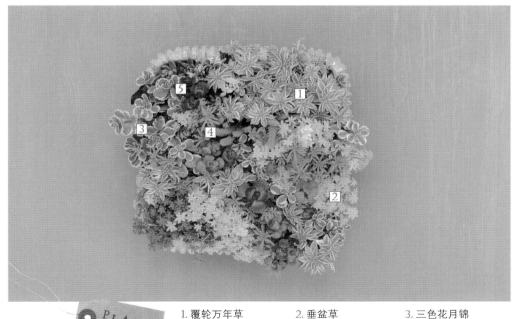

PLANTS LIST

1. 覆轮万年草　　2. 垂盆草　　3. 三色花月锦
4. 若绿　　5. 小球玫瑰

PART

5

时下较为流行的种植搭配

通过多肉植物的混栽来使我们的生活更加丰富多彩

　　种植多肉植物，除了可以用于自己欣赏以外，还可以将多肉植物应用于装饰庆典、聚会，或作为送人的礼物等用途上。把多肉植物当作礼物赠送给他人，让周围的朋友们也一同感受多肉植物的魅力。如果你已经掌握了混栽的基本要领的话，就让我们一起来挑战一下时下较为流行的一些混栽种植方法吧。

要领 24 利用技巧来尝试更高层次的混栽方法

版画式混栽
TABLEAU

所谓版画式混栽，就是在木板或者其他板状物品上进行的混栽。可以用于装饰入户门外侧或是当作门牌装饰物来使用。

所谓的花环式混栽，指的是将多肉植物设计成环状，悬挂于门或墙壁上。

花环式混栽
WREATH

本书的 Part5，我们将介绍更高层次的创意混栽。想要种植这类混栽，除了我们之前所学习到的基本技巧以外，还需要掌握一些园艺或木工等 DIY 方面的知识。即使对于初学者，只要认真按照本书的介绍进行操作的话，也是能够熟练掌握的。

创意混栽，可以让我们摆脱花盆的束缚，创造设计出更加具有空间感的多肉组合。应用类的创意混栽，可以让我们对种植多肉植物的乐趣有一个更深层次的体验。另外，通过了解更多的品种、接触更多形态与色彩的多肉，可以拓宽我们制作混栽的思路。在操作之前，首先要在脑中构思出自己想要制作混栽的基本雏形，然后选择与这个构思相适应的植物。

方盒式混栽
BOX

所谓方盒式混栽，就是将多肉植物呈填充状种植于小盒子内。这种混栽方式，可以让人欣赏到如同迷你花坛一样的景色。

花束式混栽，是将色彩鲜艳的多肉植物捆扎成花束状的混栽方法，要送别人礼物时，多肉花束也是个不错的选择。

花束式混栽
BOUQUET

制作版画式混栽的操作顺序
版画式混栽的制作方法

版画式混栽，一般来说，只要放置在室外就可以放手不管了。如果是放置在接触不到雨水的地方，需要不时地给其浇水。

【道具与材料】
尺子、剪刀、小镊子、电钻、螺丝刀、木板、小网、水苔、土壤、筒状小铲子、用于混栽的多肉、砂纸、油漆、油漆刷、圆形小杯、小钳子

筒状小铲子
水苔
用于混栽的多肉
土壤
圆形小杯
小镊子
螺丝刀
剪刀
油漆
电钻
砂纸
小网
小钳子
尺子
木板
油漆刷

板画式混栽的制作，除了多肉植物以外，还需要使用多种道具和材料。或许刚开始接触时会觉得难度有些大，但是只要抓住窍门，就可以制作出自己原创的混栽搭配。所以一起来挑战一下吧。

PLANTS LIST

1. 姬胧月　　　2. 红叶祭
3. 乙女心　　　4. 姬秋丽
5. 天狗之舞

1 在木板上面钻一个洞，然后用油漆涂刷

①为了将植物放置在木板上，需要用电钻在木板上钻一个洞。在操作前，提前用尺确定好钻孔的位置，并做上标记。

②用电钻对准标记的位置，进行钻孔。在操作过程中，要用手牢牢地扶住木板。

③用砂纸将钻出的孔洞边缘和木板的尖角等部位进行打磨，使木板平滑干净。

④用白色的油漆，顺着木板的纹路进行涂刷。在涂刷时，要注意避免涂刷不匀的情况出现。

2 把用于插入植物的金属网剪切成需要的尺寸

①在等待涂刷好的油漆晾干的过程中，就将金属网剪切成需要的尺寸。

②将金属网大致剪裁下一块以后，用圆形小杯子等物品作为参照，将其再修剪成圆形。

小贴士

将金属网沿着圆形杯子的杯口进行裁剪

因为需要将金属网塞入木板上钻出的圆孔内，所以要将金属网裁剪成圆形。首先，先将金属网剪裁成一个大致的尺寸，然后将其扣在一个圆形的杯子口上，沿着杯口进行裁剪，便能轻松地将其剪成圆形。

3 将金属网在木板的孔洞上进行定型

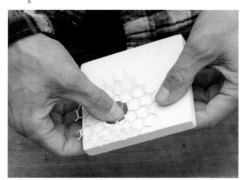

①在确认涂在木板上的油漆干了以后，将金属网按入木板上的圆形孔洞内。

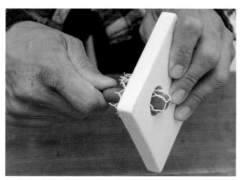

②在将网按入孔洞的时候，可以使用螺丝刀的背面进行操作，这样比较容易。

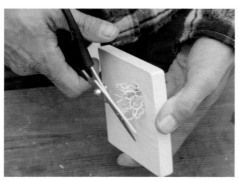

③当金属网从孔洞的另一侧伸出约1厘米的时候，在插入一侧也留出大概1厘米的长度，其余部分用剪刀剪掉。

4 将水苔和土壤填入金属网内，制作成一个类似乒乓球的形状（接下来将其称为"圆球"）

①将金属网从孔洞中取出，开始制作"圆球"。用力将水苔按压在小网的四周，使其附着在小网表面。

②在水苔附着于小网表面以后，向里面填入土壤。用圆形小铲子填入土壤后，用手压实，如此反复进行操作。

③在被填充的小网还余下1厘米左右长度的时候，将水苔放置在上方，将土壤遮盖住。

5 在塞入木板孔洞之前，将小网团成一个圆球的形状

①将最后遮盖在上方的水苔，用大拇指从上、下、左、右方向反复按压，使其整体变成一个符合木板上孔洞大小的圆球。

②用小钳子将剩余部分的小网，从1厘米处向内弯曲。

③在将整个网弄成圆球状后，将其塞入木板上的孔洞内。

6 为防止"圆球"掉落，需要将其牢牢地按压入孔洞内

①从"圆球"的后面用双手大拇指用力将其按压入孔洞内。

②将"圆球"按压入孔洞，使其后面与木板保持水平。
③晃动一下木板试试，如果"圆球"不脱落的话，则说明初步完工。

小贴士

从上面将"圆球"压实，使其不会从木板上掉落

如果单单从后面将其按压入孔洞的话，"圆球"很可能松动并掉落下来。所以，此时可以将木板正面朝上放置在平地上，然后用双手的大拇指从上面用力地将"圆球"压实。如此一来，"圆球儿"便不会脱落了。

7 从作为中心植物的体型较大的植株开始种植

①将植物植入"圆球"中。首先从作为中心植物的较大植株开始。

②留下植物1~2厘米的茎部，其余茎的部分都要剪掉。

③在将植物栽入之前，应使用螺丝刀在"圆球"上面钻一个小孔。孔的大小应与植物茎的直径相吻合。

8 从栽入的植物侧面将土壤压实，使其固定

①将植物插入事先用螺丝刀钻出的小孔内。

②将植物插入小孔内后，用螺丝刀从植物的两侧将土壤压实，使植物固定。

③在种植第二株植物的时候，应在与之前栽入的植物不发生交叉的位置上钻孔和种植。

9 在不同植株的茎部不相互交叉的前提下，呈放射状将植物栽种好

①如果将植物呈放射状栽种在"圆球"上的话，一般来说，各个植株的茎之间，不会发生相互交叉的现象。

②在栽种时，要充分考虑到每棵植物的大小、形态和颜色，做到搭配合理、美观。

③对植物的枝叶进行修剪，使其适应想要栽种位置的空间大小。

10 在固定最后一株栽入的植物时，需要在植物的两侧轻轻地按压

①最后一株栽入的植物，要通过轻轻按压其周围土壤的方式来进行固定。
②如果不喜欢植物之间留有空隙的话，可以选择体型较小的植物来填补空隙。

③版画式混栽完成。可以在木板空白位置写上名字之类的文字。

小贴士

用水苔填充植株间的孔洞与间隙

如果用螺丝刀钻孔的时候，将孔洞开得过大了，可以通过填入水苔的方式来缩小孔洞。另外，如果比较介意植株之间的空隙，可以栽入体型较小的植物来填补。在找不到大小合适的植物的时间，可以先使用小镊子来塞入水苔，将空隙部分填充好。

版画式混栽①

用版画式混栽来制作令人印象深刻的门牌

所谓版画式混栽，指的是将多肉植物种植在木板或者画框上，用于装饰的混栽方式。

可以将版画式混栽当作家用的门牌、招牌，或是壁挂式装饰品。

用来当作门牌的板画式混栽，能够向到访的客人传达"感谢您的到来，欢迎光临"这样兼感谢与欢迎于一身的信息。让我们一起来打造一个既温暖又讨人喜爱的板画式混栽吧！

从作为中心植物的体型较大的植株开始种植

1 首先将作为中心植物的春萌和姬胧月种在中心的位置。将其插入水苔之后，用螺丝刀按压其周围的土壤，使其固定好。

2 混栽中的每株植物之间，都要做到不相互重叠，按照从中间向四周发散的顺序将其各自栽种好。如果植物的尺寸大于将要栽种的空间，需将植物裁剪成合适的大小。

3 在考虑到整体协调性的前提下，在混栽的下部种植叶片充分伸展开的初恋，在上部种植体型细长的筒叶菊和塔松。在搭配时，要注意做到不要给人比较沉闷的感觉。

小贴士

① 植物名：春萌
生长期：夏
科　名：景天科
属　名：景天属
特　征：小而肥厚的叶片，全年都会呈现出鲜艳的嫩绿色。

② 植物名：筒叶菊
生长期：夏
科　名：景天科
属　名：青锁龙属
特　征：是一种叶片向上凸起的植物，随着植物的生长，植物的枝条将会木质化。

OSHIHARA
ONDO
TELIER TOKIIRO

PLANTS LIST

1. 春萌   2. 筒叶菊   3. 塔松
4. 姬胧月   5. 黄丽   6. 初恋
7. 红叶祭

版画式混栽②

用 20 种多肉植物制作大型的版画式混栽

大型的版画式混栽，能够使形态各异的各种多肉植物所具有的美感都得到充分展现。让我们在考虑整体搭配效果的前提下，来完成一个好的作品吧。

所谓版画，指的是在木板上作画的意思。版画式混栽，就是将多肉植物的混栽，像描绘一幅画作一样地去完成。版画式混栽可以作为墙壁装饰品、门牌，或是迎宾牌等用途来使用。

在较大的木板上面进行设计

1 木板的尺寸较大，且所种植的多肉数量较多，所以需要先将木板立起来，事先确定好整体的设计构成。构成的要领是，将中心植物安排在右上方，然后将体型细长的植物安排在下方。

2 在木板上打眼儿，将附着有水苔和培养土的金属网敷在木板的背面。为了支撑培养土的重量，需要用胶合板盖在金属网的上面，然后在四周用螺丝钉固定。

3 将作为中心植物的晨曦之光种植在右上方，为了凸显它，在其下方不再种植红色系的植物。将珍珠吊兰等向下垂吊，能够随风摆动的植物集中种植在木板下方的位置上。

小贴士

⑪ 植物名：晨曦之光
生长期：春、秋
科　名：景天科
属　名：石莲花属
特　征：有着硕大叶片和鲜艳的颜色，且叶片上带有蕾丝状褶边儿的美丽的植物。

① 植物名：鹿角海棠
生长期：春、秋、夏
科　名：番杏科
属　名：鹿角海棠属
特　征：枝条细长，并向下低垂式生长。随着天气变冷，叶片会逐渐呈现出略微偏红的紫色。

PLANTS LIST

1. 鹿角海棠	2. 乙女心
3. 玉缀	4. 姬胧月
5. 蓝石莲	6. 春萌
7. 珍珠吊兰	8. 养老
9. 火祭	10. 七福神
11. 晨曦之光	12. 黑法师锦
13. 三色花月锦	14. 若歌诗
15. 锦乙女	16. 覆轮万年草
17. 初恋	18. 黛比
19. 白凤	20. 若绿

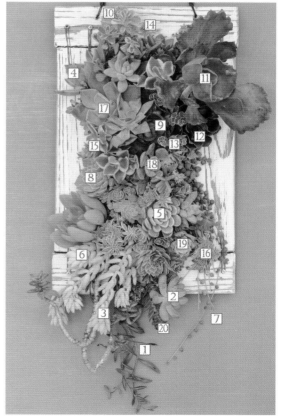

花环式混栽的制作方法

尝试制作小型号的花环式混栽

小型号的花环式混栽比较容易制作，所以推荐初学者进行尝试。花环式混栽可以用于各种场合，还可以用来作为赠予亲朋好友的礼物。

【工具和材料】
剪刀、螺丝刀、铁丝网、水苔、土壤、筒形小铲子、用于混栽的多肉植物、小钳子、细金属丝（花环用，24号）、尺子

尺子

用于混栽的多肉植物

细金属丝

土壤

铁丝网

水苔

小钳子　螺丝刀　剪刀

花环被认为是一种能够带来好运的摆件。我们可以在不同的季节选择当季的多肉植物来制作花环。比如说，在春季选择开花的多肉，在夏季选择清新翠绿的多肉，在冬季选择色泽红艳的多肉。这样就可以让我们一年四季都能欣赏到多肉植物多样的美。

PLANTS LIST

1. 养老　　2. 天使之泪
3. 胧月　　4. 群月冠
5. 新玉缀　6. 虹之玉
7. 玉米石　8. 红叶祭

1 将水苔平铺在铁丝网上

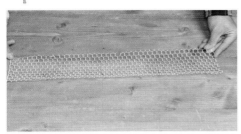

①按照制作直径 18 厘米花环的标准，将铁丝网裁剪成宽 10 厘米、长 50 厘米的尺寸。

②将干燥的水苔从铁丝网的边缘开始平铺到网面，要用力压实，以防止一会儿要放上的土壤漏出去。

③将水苔紧密地铺在整个网面上，不要留下空隙。

④用木板压在网的上方，以压平水苔。

2 将水苔压平

①所使用的木板尺寸应稍大于铁丝网的面积，而且需要有一定的重量。

②将木板压在铁丝网上一天以后，水苔的厚度会变得均匀，从而使得整个网面变得平整。

③从侧面观察，会发现水苔已经与铁丝网相互纠缠在一起。

3 填入土壤

①将铁丝网的一侧向上提起，使整个网面形成一个略带弧度的状态。

②将干燥的土壤从一侧填入，注意不要洒到外面。

③在将铁丝网卷成筒状的时候，要注意不要留下空隙，按照大概1厘米的厚度将土壤填入。

④在土壤上面覆盖上水苔，从中心开始铺盖水苔，以防止洒落。

4 将整个铁丝网折成圆筒状

①当水苔已经彻底覆盖住土壤的时候，开始将整个铁丝网卷起来。

②将两端的铁丝网用小钳子对接固定在一起。

③先将中间的铁丝网对接固定好以后，从中间向两边依次将整个铁丝网的边缘都固定好，形成了一个圆筒。

5 对铁丝网的连接处进行加固

①将24号铁丝剪成10厘米的长度，用来加固铁丝网的连接处。

②将铁丝插入连接处，将两端的铁丝打结以起到加固的作用。每隔3~4厘米打一个结。

③将露出的铁丝剩余部分用剪刀剪去。

④在用剪刀剪铁丝的时候，要注意稍微留下一小段铁丝。

6 测量好花环的尺寸

①用小钳子将铁丝剩余的部分折入内侧。

②用手将圆筒的两端对接，使其成为一个环。

③测量好环的尺寸，以确认是否达到了预期的大小。

7 将圆筒的两端连接在一起

①如果尺寸过大的话，用剪刀去掉多余的部分。

②用手将圆筒的一头捏得较细一些。

③将圆筒另一头的横切面稍微扩展一些。

④将较细的一头插入较宽的一头中，同时用手按压，使两边粗细相同。

8 将连接处固定好

①在连接处用铁丝加以固定。

②使用铁丝，通过3~4个连接点，来使圆筒的两端连接在一起，形成环形。然后将多余的铁丝头折入内侧。

③调整好环的大小，将铁丝折成一个圆圈，作为挂钩使用。

⑨ 将挂钩安装在环上面

①在环的接缝处，套上带有圆圈的铁丝，用来充当挂钩使用。

②为了使花环挂在墙壁上的时候能够平整，要将植物插入背对墙的一侧。

③用螺丝刀在环上准备种植多肉的位置钻眼儿。

④从10点钟与2点钟之间的位置上开始栽种植物，会比较容易掌握整体的平衡。

⑩ 开始栽种植物

①以众星捧月的形式，从主要植物周围开始种植。

②在保证整体的平衡和色彩搭配的前提下，让多肉植物覆盖住所有的水苔。

③检查一下没有问题的话，一个花环式混栽就完成了。

花环式混栽的制作①

以细微的颜色搭配取胜的花环式混栽

这是一种以绿色多肉作为底色，红色多肉作为点缀的花环式混栽。

掌握好颜色搭配的重点。

装饰在入户门门外的花环，据说代表着友好和欢迎的意思。所以不光是圣诞节，任何节日都可以用它来进行装饰。但是如果在梅雨季节，潮湿的环境容易导致植物烂根。如果是在通风条件良好的环境下，就不用担心这个问题了。

将花环摆放在能够充分展现其斑斓色彩的位置上

1 将色彩突出的多肉种植在时钟指针10点和2点钟的位置上，并且在其对角线的部分上也进行同样操作。

2 将虹之玉、新玉缀这类体型较小的绿色多肉作为底色，栽种在整个花环上。

3 栽种完成以后，再确认一下，对整体的颜色和空间搭配进行调整。植物的朝向应呈放射状向外，这样会显得富有生机。

小贴士

② 植物名：新玉缀
生长期：夏
科　名：景天科
属　名：景天属
特　征：粒状的叶片是其最大的特点，随着植物的生长，枝干会匍匐在地面向外延伸。

⑤ 植物名：紫珍珠
生长期：春、秋
科　名：景天科
属　名：石莲花属
特　征：生长着又大又厚的紫色叶片，并且叶片被一层白色的粉末所包裹着。

PLANTS LIST

1. 乙女心　　　2. 新玉缀　　　3. 群月冠
4. 虹之玉　　　5. 紫珍珠　　　6. 鲁氏石莲花
7. 姬胧月

30

用简单的方式表现出柔和的绿色形态

将空气凤梨的一种——松萝缠绕在藤条上，制作成花环。

无论是材料还是制作方法都非常简单，细长的叶片可以呈现出富有变化的美感。

松萝的特别之处，就在于它那像丝线一般细长的叶片。因为是空气凤梨的一个品种，所以即使不种植在土壤里，也能健康地生长。让我们用松萝来制作一个既简单又富有动感的花环吧！

将松萝轻轻地缠绕在藤条上

1 先将松萝轻轻地散开。因为需要用藤条来制作花环的骨架，所以应选用较为粗壮的藤来编制成环状。

2 将松萝缠绕在藤条上。为了能凸显出藤条的线条，沿着藤条的脉络用较细的铁丝来将松萝固定在藤条上。

3 调整好整体的形状。叶片应伸向四面八方，以展现植物的生命力。完成以后，用喷壶喷洒来进行浇水。

小贴士

在将松萝固定在藤条上时，可以使用铁丝加以捆绑。为了避免铁丝裸露出来，将其尽量隐藏在花环内部。如果捆绑得过紧，会破坏松萝柔和的形态，所以捆绑时要松一些。

PLANTS
LIST

1. 藤条　　　　　2. 松萝

要领

31

种在盒子中的混栽①

把植物种在自己精心制作的盒子中

从盒子材料的挑选到作品的完成，都由自己亲自来完成。如此一来，相对于那些采购来的花盆，这样的作品更具有独创性。

因为木材容易被腐蚀，所以如果选择木材来作为盒子材料的话，需要在木材表面涂抹上一层防腐剂。如果是购买的成品的话，则要确认一下表面是否涂抹过防腐剂。塑料材质的盒子可以直接使用。

需要提前在木质的盒子表面涂
抹一层防腐剂

1 在制作木质盒子的时候，为了使其不易腐烂，需要事先在上面涂抹防腐剂。深度较浅的盒子容易弄伤植物的根部，所以如果是初学者，推荐选择较深的盒子作为花盆。

2 将叶片变红的红叶祭或塔松合理地种植在花盆中。

3 在使用木质盒子的时候，一定要注意其排水性是否优良。

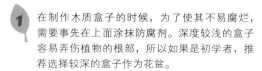

小贴士

⑪ 植物名：塔松
生长期：夏
科　名：景天科
属　名：景天属
特　征：植物叶片上的色泽不均匀，多呈渐变色。

⑦ 植物名：锦乙女
生长期：夏
科　名：景天科
属　名：青锁龙属
特　征：长有黄色和绿色两种颜色的叶片，随着种植时间的推移，植株会长得很高。

PLANTS LIST

1. 虹之玉锦　　　2. 姬秋丽　　　　3. 天使之泪
4. 紫蛮刀　　　　5. 姬胧月　　　　6. 乙女心
7. 锦乙女　　　　8. 玉米石　　　　9. 红叶祭
10. 若歌诗　　　 11. 塔松　　　　 12. 春萌
13. 新玉缀　　　 14. 白牡丹　　　 15. 花蔓草锦
16. 蝴蝶之舞　　 17. 森村万年草　 18. 养老
19. 小叶黄金万年草　　20. 若绿

种在盒子中的混栽②

巧用大箱子来演绎生机勃勃的主题

将大量的多肉植物以相互叠加的形式栽种到一个较大体积的箱子中，便形成了一个非常富有生机的混栽作品。

将体积和颜色各有特色的24种多肉植物，横向地种植在一个体积较大的箱子内，便成为了这样的一个混栽作品。这是一个既色彩斑斓又富有生机的混栽作品。

为了防止盆内潮湿闷热，应使用排水性好的土壤

1 将大量多肉植物种植在一起，容易使盆内的土壤潮湿闷热，影响植物生长。所以在土壤中应多加入排水性良好的鹿沼土。

2 在黄金丸叶万年草生长的部位，要使用保水性能较好的土壤。万年草类的植物多呈匍匐状生长，所以即便是土壤裸露在外面，也会随着植物的生长而逐渐被植物所覆盖。

3 先将向下垂钓式生长的鹿角海棠植入盆中。然后在其右侧栽种较大植株的高砂之翁，在其左侧栽种乙女心或养老等多肉，使这些植物紧凑地生长在一起，以增加整体的层次感。

小贴士

⑬ 植物名：黄金丸叶万年草
生长期：夏
科　目：景天科
属　名：景天属
特　征：是一种既耐寒又耐热的生命力较强的植物，整体呈横向匍匐状生长，一年四季均能正常生长。

④ 植物名：白牡丹
生长期：夏
科　目：景天科
属　名：石莲花属
特　征：厚厚的叶片呈玫瑰花状生长，是一种十分惹人喜爱的植物。

PLANTS LIST

1. 姬胧月	2. 玉缀	3. 高砂之翁
4. 白牡丹	5. 乙女心	6. 柳叶莲华
7. 春萌	8. 秋丽	9. 覆轮丸叶万年草
10. 若绿	11. 锦乙女	12. 养老
13. 黄金丸叶万年草	14. 紫珍珠	15. 锦晃星
16. 月之王子	17. 鹿角海棠	18. 晨曦之光
19. 露娜莲		

种在盒子中的混栽③

对盒子进行设计，使盆栽表面富有层次感和变化

利用带有隔断的盒子来展现表面的变化。

让我们将其设计成在颜色和形态上均体现出平衡和层次感的混栽作品吧。

以多肉的绿色作为底色，在上面点缀以黑法师的黑、垂盆草的金黄、紫珍珠的紫以及虹之玉的红。将土壤表面露出一部分，并在对角线上种植叶片细长的植物，是这种混栽的重要特点之一。

将植物种植在能够充分体现其形态和
颜色平衡感的位置上

1 将鹿沼土、稻壳灰、陶土碎渣、小石子等作为
培育用土，对应所种植的多肉植物，分别填入
盒子的每个隔断里。

2 在左上方的隔断里种植叶片较小的虹之玉或白
寿乐，在右下方的隔断里种植长有如同巨大花
朵一般叶片的蓝石莲或紫珍珠。

3 在左上方和右下方的对角线方向的隔断里，种
植能够整体覆盖土壤表面的植物，或是种植叶
片较为细长的植物来增加立体感。然后作为点
缀，在上面栽种上黑法师。

小贴士

⑦ 植物名：蓝石莲
生长期：夏
科　名：景天科
属　名：石莲花属
特　征：叶子的顶端像是被染上了一层
　　　　淡淡的粉红色。

② 植物名：三色花月锦
生长期：春、秋
科　名：景天科
属　名：景天属
特　征：植物深绿色的叶子像是被紫色
　　　　的边儿包着一般。

PLANTS LIST

1. 覆轮万年草	2. 三色花月锦	3. 垂盆草
4. 森村万年草	5. 锦乙女	6. 黑法师
7. 蓝石莲	8. 紫珍珠	9. 虹之玉锦
10. 虹之玉	11. 白寿乐	

多肉植物花束的制作方法

巧用多肉植物的特性来制作花束

使用那些因过度生长而变得过长的枝叶，还可以设计制作成漂亮的花束。

【道具与材料】
细铁丝、牛皮纸、毛线、剪刀、橡皮筋、用于制作花束的多肉植物

毛线

剪刀

用于制作花束的多肉植物

牛皮纸

橡皮筋

细铁丝

花束经常在婚礼或生日宴会上使用。使用那些形态如同花朵般的多肉植物来制作一个花束的话，会显得更加个性和别出心裁。

PLANTS LIST

1. 月兔耳	2. 天使之泪
3. 黑法师锦	4. 蓝石莲
5. 乙女心	6. 蓝松
7. 紫珍珠	8. 方鳞绿塔
9. 若绿	10. 小红衣

1 对茎叶较短的植物进行加工

①使用色泽鲜艳的植物（紫珍珠）作为中心植物，开始制作。

②将细铁丝穿入植物的茎内，开始制作花束的主干部分。

③将植物移动到所插入的细铁丝的中间部位。

2 将细铁丝对折

①将穿过植物的细铁丝对折，呈 U 形。

②用一侧的铁丝当轴，将另一侧的铁丝一圈圈缠绕在上面。

小贴士

制作花束的主干部分

在第一株植物上穿入一根细铁丝，来制作花束的手柄部分。为了让手能够牢牢地抓住花束，手柄部分应做得稍长一些。并且为了能将植物牢固地捆在上面，手柄一定要做得十分结实才行。

3 确定好手柄的长度

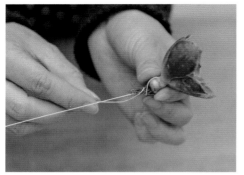

①将细铁丝的两端相互缠绕，一直缠绕到植物的根部。

②用力拧紧，使两端的细铁丝成为一体。

③将拧到一起的铁丝剪成所需要的手柄的长度。

4 将不同风格的植物相互交错着加入花束

①确定好手柄的长度后，就开始制作花束的其他部分。

②接下来，加入风格不同的若绿，来增加花束对比度。

③在若绿的旁边，加入厚叶的月兔耳。

④接下来，在接近中心的地方加入蓝松，给整个花束增添一抹墨绿。

5 将植物以围绕在中心周围的形式不断加入

6 在整体和谐美观的前提下安排好每一株植物的位置

①以围绕中心的形式，加入蓝石莲或乙女心。

①外侧的植物高度要略低于中间的植物。还要调整好空间布局。

②接下来，以同样的方式，不断地加入一些风格和色泽都各具特点的多肉植物。

②在将所有植物都加入进来以后，将其根部牢牢地扎在一起。

小贴士

中心部的植物略高，呈放射状分布

中心的植物高度要略高于周围的植物，植物的朝向应该从中心向外呈放射性分布，这样会看起来比较美观。将若绿或蓝松这样叶片细长的植物作为背景，来映衬叶片较厚的植物。如此操作，便可以制作出一个让人印象深刻的花束。

③要考虑好相邻植物之间的和谐，像画画一样，以从中间向四周发散的方式安排每一株植物的位置。

7 将花束中的植物牢牢地捆扎好

①在捆扎花束中植物的时候，可以使用事先准备好的细铁丝。

②从植物的根部开始一圈圈将铁丝缠绕在植物的茎上。

③如果太过用力的话，容易将植物的茎部勒断，所以要轻轻地缠绕在上面。

8 用铁丝将花束固定好

①用铁丝在花束上面缠绕3圈后，将铁丝剩余部分拧在一起，固定好。

②将多余的铁丝用剪刀剪掉。

③将铁丝剩下的尖端部分顺着植物的茎的方向向下折。

④将捆扎好的部分放在牛皮纸的中央。

9 包装

10 调整整体的形状

①用牛皮纸紧紧地将花束手柄的部分包裹好。

①在花束的正面用毛线打一个漂亮的结。

②最后，确定好用毛线捆绑的位置和手柄部分的形状。

②将毛线打好的结在花束的正前方摊开。

③先用橡皮筋暂时将牛皮纸捆绑好。需要注意的是：如果捆绑得太紧的话，容易使花束里面的植物折断。

③在调整好毛线的长度和牛皮纸的形状后，花束就完成了。

从事多肉植物相关工作的工作室"季色"，不断地向大家提供可以四季欣赏的创意十足的混栽作品。希望大家通过我们所提供的秘诀和建议，能够充分地享受绿色的生活。

要领
35

为了能与多肉植物和谐相处而应提前掌握的小知识

先从一株植物开始种植，然后慢慢增加种植的数量

栽种多肉植物，从哪个品种开始种植好呢?

季色：什么品种都可以，只要选择一个自己喜欢的品种来尝试栽培就可以了。如今，在花店或是超市里，都有很多品种的多肉在出售。您可以选一株自己一眼就相中的多肉，然后将它栽入漂亮的花盆里来尝试着去种植。实际上，我们最初就是这样开始多肉植物的培育的。

接下来，就可以尝试着增加栽种的品种，或是选择在不同季节开花的品种来种植。即便是制作混栽作品的时候，大多也都是从自己之前培育过的品种开始尝试的。在购买了一株幼苗以后，为了避免生长空间过小，应将其栽入稍大一些的花盆中。随着种植的品种逐渐增多，就可以再购买一些花盆来尝试着制作混栽作品了。

在购买多肉植物的时候，买什么品种比较好呢?

季色：或许大家在最开始都比较倾向于购买那些高大艳丽、看上去能够在混栽中充当"主角"的品种。但是其实，如果将那些看上去小巧可爱的所谓"配角"植物大量栽种在一起，更容易产生立体的效果。买一个成品的混栽作品作为样板，在家中模仿着进行操作，也是一种不错的选择。

首先，以第一株购买的多肉为起点，逐渐增加种植的数量。然后，将那些单个生长的植株组合起来，开始学习制作混栽作品。

与室内相比，多肉植物更加适应室外的生长环境

作为观赏植物，大多数人都将多肉植物种植在室内。但是在实际生活中，到底怎样才能让多肉植物很好地融入我们的生活中呢？

季色：虽说购买多肉植物的人大多都是准备将其摆放在人们停留时间较长的卧室或是客厅中，但是实际上，如果事先了解到多肉是一种适合生长在室外的植物的话，将会大大有利于多肉植物的栽培。

比方说，如果将植物摆放在客厅的窗前，朝向窗子的一面比较明亮，而背向窗子的一面则比较阴暗。这一点就跟室外的条件有所不同。此时，如果知道多肉比较适合生长在室外这一点的话，就能够做到经常转动花盆的朝向，使植物的每一面的叶片都充分地接触阳光，从而使植物更加健康地生长。也就是说，给植物营造一个与室外相似的生长环境就可以了。上班族们也可以在每天出门上班期间，将植物挪到室外。活用阳台的空间，也是一种不错的选择。在空空荡荡的阳台一角，弄一个摆满多肉植物的小空间，也可以为我们的生活增添不少色彩。

培育多肉植物的重点是采光、通风和浇水

在种植多肉的时候，最需要的是做到哪一点啊？

季色：虽说根据种类的不同，栽培的重点也会有所不同，但是一般来说最重要的还是采光和通风。就浇水这一点来说，如果是底部有透气孔的花盆，就可以多浇水，浇水的量以水从底部渗出为准。在浇水后1周左右，花盆内如果变得干燥，则说明浇水的量比较合适。

如果花盆的底部没有透气孔，一般来说，不要浇太多的水。浇水的量以水能深入花盆深度的1/3处、不渗入花盆底部为准，且浇水的频率做到偶尔浇水便可以了。不应将花盆放置在能够被雨水淋到的地方，以防止花盆内积水。也可以将其放置在能够被雾气打湿的地方。因为一般来说，植物只从根部吸收水分，如果叶片上面沾有水珠的话，便不容

易被虫害侵袭。

即便是在同一个位置，如果温度降低，花盆内就会变得不容易干燥。故应根据季节变化调整给水量。在夏季和冬季，应相对地减少给水量。

当然，还应该根据所处环境的不同，来调整浇水的量。比如说，在海风较为猛烈的地方，浇完水很快便会变得干燥，在这种情况下，即便每天都浇水也完全没问题。通风是相当关键的一环，所以根据所处位置和当地自然环境的实际情况来采取相应的管理方式是十分重要的。

在浇水的时间方面，有什么需要注意的吗？

季色：在炎热的夏季，如果是中午浇水的话，容易让花盆内变成湿热的环境。所以应选择在相对比较凉爽的傍晚后浇水。在寒冷的冬季，夜里浇水则有可能会结冰。因此，最好在早上浇水。在冬、夏两季，平均一个月浇一次水。春秋两季一般来说可以一个月

浇水两次，但是这两个季节内，天气的变化相对来说比较强烈，所以也不能太过于死板地按照这个标准浇水，应适当地随着天气变化及时调整给水量。请不要将植物摆放在浇水一周后都不容易干燥的地方。

尝试制作混栽作品之前的准备

初次尝试制作混栽的时候，从哪里开始入手比较好呢？

季色：在制作混栽的时候，与其说是种植，不如说更加接近于绘画创作。因为是将一株株在颜色和形态上各具特色的植物组合在一起，所以我认为应该从仔细观察每一株植物的特性这一点开始入手。

如果是白色的植物，就可以想象成用一根白色的画笔来描绘。认为在这里加入哪一种白色系的植物比较好，就将其安排进来，并从高低、大小等方面来对植物的搭配进行调整，以增加作品的立体感。

首先，先尝试用五六种多肉来进行混栽。一般大家最开始都比较倾向于选择形态像花朵一样的多肉来操作，但是这样实际来说是很难成功的。先选择一些细长而娇小的品种来尝试，然后一点点增加混栽植物的种类，相对来说更容易制作出具有立体感的作品。

如何来选择花盆呢？

季色：花盆的选择最能够反映出作者的爱好与品位。跟多肉植物最为合适的，是经过烧制而成的土陶材料的花盆。

因为最近比较流行利用回收废品来作为种植植物的容器，所以很多人在铁艺的容器或空铁罐等的底部打一个孔来当作花盆使用。但是这种花盆透气性较差，比较容易造成植物腐烂。所以一般来说，初学者最开始还是选用透气性好的土陶材料的花盆来进行混栽比较合适。

挑战制作更高水平的混栽作品

版画式混栽、多肉花束、花环式混栽等较为复杂的混栽方式，有没有一种容易操作的制作方法呢？

季色：用于混栽的工具和材料等物品，只要去超市，都可以很轻松地购买到。

有的人就把在超市买到的酱油瓶的圆形盖子，用铁丝网弄成一个漂亮的造型，在底部填入土壤，弄出了一个很有个性的混栽。所以完全可以按照自己的想象，动手利用不同材料尝试各种制作方法。

有什么有意思的建议吗？

季色：我曾经见过有人把多肉种植在旧皮鞋中。多肉植物一般不需要浇太多的水就可以，所以种植方式和组合方式都比较自由。根据自己的创意，便可以制作出各种各样的作品。

让多肉植物的生命绽放出最美的色彩

季色：对我们来说，欣赏多肉植物随着时间推移而出现颜色变化、开花等现象，都是我们种植多肉的乐趣所在。无论栽种什么品种，让其保持健康状态生长都是绝对重要的。让我们的混栽作品完成以后，随着季节而变绿、开花，而且过了一年以后，也能继续观赏到它的美丽身姿，这些才是我们种植多肉的意义所在。即使是用多肉做成的花束，当我们欣赏完一段时间以后，也应该将其重新载入土壤中，然后等其长高、长大以后，还可以再拿来重新制作成花束。这也是一种不错的想法。

你们有没有过种植失败的经历？

季色：因生长环境不好而造成的植物干枯死亡的情况曾经是比比皆是的。在尝试过各种生长环境以后，才成就了我们今天的多肉设计工作室。我们也是在经历了室内栽培试验的多次失败以后，才认识到通风和采光的重要性的。

从内心感受到多肉植物的魅力，并像家人一样地去呵护它们

季色：我们时刻铭记在心的是我们所培育的东西，是有生命的。很久以前，我们两个人就曾经对自己说，无法感动自己的东西，也一定无法拿去感动别人。因此，我们一直将"制作让自己感动的作品"来作为我们工作的基本原则。

有哪些在种植多肉植物方面的建议？

季色：经常能够听到"多肉植物不需要打理，只管扔在一边不管就行"这样的说法。但是我们还是希望大家对多肉多一点关心。每天只需要用一分钟的时间，来看看这些小家伙长得怎么样就足够了。

有一些顾客在我们这里买了多肉的混栽回去，过了一个月以后又倍加小心地拿回来给我们展示自己的栽培成果。在这些顾客里，真正用心照顾的人，他们的多肉不仅状态一点没有变坏，而且变得更加色彩斑斓，亭亭玉立。

多肉植物
目录

熟悉了多肉植物的种类，便能扩展我们制作混栽作品的类型。希望大家在这里找到在颜色或形态等方面符合自己审美的品种。

晨曦之光

生长期：春、秋
科　名：景天科
属　名：石莲花属
特　征：是一种长有色彩鲜艳且带有褶边儿叶片的十分漂亮的植物。

象牙塔

生长期：春、秋
科　名：景天科
属　名：石莲花属
特　征：叶尖有一抹粉红色，叶肉较厚，是一种比较受欢迎的多肉。

黄金丸叶万年草

生长期：夏
科　名：景天科
属　名：景天属
特　征：是一种既耐寒又耐热的生命力较强的植物，整体呈横向匍匐状生长，一年四季均能正常生长。

乙女心

生长期：夏
科　名：景天科
属　名：景天属
特　征：叶片随季节变化，会呈现出粉红色，是一种非常惹人喜爱的多肉。

胧月

生长期：夏
科　名：景天科
属　名：风车草属
特　征：整个形状像一朵盛开的花，原产自墨西哥。

黑法师

生长期：夏
科　名：景天科
属　名：莲花掌属
特　征：香味浓烈，随季节变化，叶片会呈现出褐色。

塔松

生长期：夏
科　名：景天科
属　名：景天属
特　征：植物叶片上的色泽不均匀，多呈渐变色。

姬秋丽

生长期：夏
科　名：景天科
属　名：风车草属
特　征：叶片比较容易脱落，但与此相对的是，它也是一种比较容易繁殖的植物。

银月

生长期：夏
科　名：菊科
属　名：千里光属
特　征：在叶片表面还附着有小的叶片，叶子能够长成月牙状。

珍珠吊兰

生长期：夏
科　名：菊科
属　名：千里光属
特　征：长有很多小球状的叶片，是一种看上去非常可爱的植物。

玉米石

生长期：夏
科　名：景天科
属　名：景天属
特　征：在无数细小叶片中间，能开出美丽的花。

群月冠

生长期：春、秋
科　名：景天科
属　名：石莲花属
特　征：密集地生长着肥肉的叶片，叶片呈鲜艳的绿色。

垂盆草

生长期：夏
科　名：景天科
属　名：景天属
特　征：呈鲜艳的金黄色，经常被用于覆盖广场地面。

粉雪

生长期：夏
科　名：景天科
属　名：景天属
特　征：叶子的表面好像附着白色的雪花一般，枝条相互交错开
　　　　生长。

子持莲华

生长期：春、秋
科　名：景天科
属　名：瓦松属
特　征：会分出很多细小的枝干，叶片较厚。

锦乙女

生长期：夏
科　名：景天科
属　名：青锁龙属
特　征：植物叶片上有黄色和绿色两种颜色，随着时间推移，
　　　　该植物会长的很高。

养老

生长期：春、秋
科　名：景天科
属　名：石莲花属
特　征：大量的叶片呈花朵状分布。

春萌

生长期：夏
科　名：景天科
属　名：景天属
特　征：长有既小又厚的叶子，通年保持鲜艳欲滴的翠绿色。

秋丽

生长期：夏
科　名：景天科
属　名：风车草属
特　征：是一种生命力顽强的多肉，比较适合初学者进行种
　　　　植。

蓝松

生长期：夏
科　名：景天科
属　名：景天属
特　征：长有很多细长的叶子，随着植物向上生长，会逐渐地
　　　　向一侧倾斜。

柳叶莲华

生长期：夏
科　名：景天科
属　名：景天属
特　征：这种植物的特点是圆圆的叶片顶端有一抹粉红色。

蓝石莲

生长期：春、秋
科　名：景天科
属　名：石莲花属
特　征：叶子的顶端像是被染上了一层淡淡的粉红色。

静夜

生长期：春、秋
科　名：景天科
属　名：石莲花属
特　征：圆形的叶子呈花瓣形生长，是一种体型较小的美丽植物。

高砂之翁

生长期：春、秋
科　名：景天科
属　名：石莲花属
特　征：长有波浪般形状的叶子，叶子的顶端能变成红色。

玉缀

生长期：夏
科　名：景天科
属　名：景天属
特　征：圆圆的叶片顶部尖尖凸起，肉肉的叶片大量密集地生长在一起。

月美人

生长期：夏
科　名：景天科
属　名：厚叶草属
特　征：淡淡的银灰色是其特点所在，相似的植物有"星美人"等。

姫星美人

生长期：夏
科　名：景天科
属　名：景天属
特　征：群生有很多圆形的小叶片。特点是能够在短时期内大量繁殖。

桃源乡

生长期：夏
科　名：景天科
属　名：青锁龙属
特　征：长有尖尖的叶子，随着植物健康生长，枝干会木质化。

三色花月锦

生长期：夏
科　名：景天科
属　名：景天属
特　征：植物深绿色的叶子像是被紫色的边儿所包着一般。

天使之泪

生长期：夏
科　名：景天科
属　名：景天属
特　征：圆圆的小叶子呈鲜艳的翠绿色，叶子像玫瑰花瓣般生长。

虹之玉

生长期：夏
科　名：景天科
属　名：景天属
特　征：在给水量较少和放置在采光较好的环境下，在冬季叶子会变成红色。

锦晃星

生长期：春、秋
科　名：景天科
属　名：石莲花属
特　征：在干燥和寒冷的环境下，厚厚的叶片会变成红色。

紫珍珠

生长期：春、秋
科　名：景天科
属　名：石莲花属
特　征：长有又大又厚的紫色叶片，叶片表面被一层白色粉末包裹。

白鹏

生长期：春、秋
科　名：景天科
属　名：石莲花属
特　征：在冬季，叶片会变成红色。是一种存在感十足的多肉。

白牡丹

生长期：夏
科　名：景天科
属　名：石莲花属
特　征：叶片较厚，整体形状如同玫瑰花一般，十分可爱。

若歌诗

生长期：夏
科　名：景天科
属　名：青锁龙属
特　征：长有大量的被白色粉末包裹的椭圆形叶子。

皮氏石莲

生长期：夏
科　名：景天科
属　名：石莲花属
特　征：像玫瑰花一般的形态令人印象深刻。比较耐旱，但是对夏季高温、高湿的环境适应性较差。

新玉缀

生长期：夏
科　名：景天科
属　名：景天属
特　征：粒状的叶子是其特点所在，该植物会匍匐在地面向四
　　　　周生长。

紫啸鸫

生长期：春、秋
科　名：景天科
属　名：石莲花属
特　征：叶片呈红紫色，是一种能够长得很大的多肉植物。

蓝色天使

生长期：春、秋
科　名：景天科
属　名：景天属
特　征：植物呈花朵状生长。叶片顶部有尖尖的凸起，在夏、
　　　　冬两季进入休眠期。

覆轮丸叶万年草

生长期：夏
科　名：景天科
属　名：景天属
特　征：圆形的叶片周围有一圈白色的边儿。在温暖的地带被
　　　　当作绿化植物用来遮盖地表。

覆轮万年草

生长期：夏
科　名：景天科
属　名：景天属
特　征：长有又细又尖的叶子，比较耐旱，是一种容易栽培的
　　　　多肉。

子持白莲

生长期：夏
科　名：景天科
属　名：景天属
特　征：随着母体的生长，在尖端会生长出很多新的枝条，从
　　　　而成长为新的植株。

姬胧月

生长期：夏
科　名：景天科
属　名：风车草属
特　征：三角形的红色叶片呈玫瑰花状分布，是一种不适合多
　　　　浇水的多肉。

花蔓草锦

生长期：春、秋
科　名：番杏科
属　名：露草属
特　征：刀片状的叶子顶端尖锐，叶子表面富有光泽，匍匐在
　　　　地面向四面生长。

白闪冠

生长期：春、秋
科　名：景天科
属　名：石莲花属
特　征：叶子表面被一层细小的茸毛覆盖，是一种看上去毛茸
　　　　茸的植物。

美空眸

生长期：春、秋
科　名：菊科
属　名：鹿角海棠属
特　征：密集生长着细长的叶子。如果浇水过多，叶片长得不
　　　　紧凑，便会影响整体的美观。

青锁龙锦

生长期：春、秋
科　名：景天科
属　名：青锁龙属
特　征：为浓绿色，呈圆柱状向上生长。在过于潮湿的环境下
　　　　无法健康生长。所以应避开梅雨和冬雨的环境。

红叶祭

生长期：春、秋
科　名：景天科
属　名：青锁龙属
特　征：比较能够忍受冬季的寒冷和夏季的炎热。夏季为绿色，
　　　　冬季则变成紫色。整齐地生长着较为细长的叶子。

森村万年草

生长期：夏
科　名：景天科
属　名：景天属
特　征：从秋季到第二年春季叶子会变红。叶子生长密集，比
　　　　较适合在混栽中作为背景植物来种植。

大和锦

生长期：春、秋
科　名：景天科
属　名：石莲花属
特　征：该植物没有茎，直接从根部长出花瓣状的叶片，叶子
　　　　顶端尖锐。怕雨淋。

露娜莲

生长期：春、秋
科　名：景天科
属　名：石莲花属
特　征：叶片厚、多肉，呈蓝绿色，在冬季会开出红色的花。

鹿角海棠

生长期：夏
科　名：菊科
属　名：鹿角海棠属
特　征：跟珍珠吊兰一样下垂式生长，长有细长的叶子。

鲁氏石莲花

生长期：春、秋
科　名：景天科
属　名：石莲花属
特　征：叶片的边缘呈淡淡的粉红色，是一种适合种植在室外
　　　　的多肉。

若绿

生长期：夏
科　名：景天科
属　名：青锁龙属
特　征：密集地长有很多细小叶片的茎，彼此交错着斜向生长。
　　　　对寒冷和炎热的气候都能够适应。

【监 制】
季色
是一个从事多肉植物的混栽、销售、研究和咖啡店运营的工作室。担任法人代表的近藤义展，2009 年和 2010 年连续两年在日比谷公园园艺博览会上获奖。其设计的植物搭配创意大胆新颖，色彩细腻，富有表现力。同工作室的设计师兼市场总监近藤友美，在 2010 年日比谷公园园艺博览会上获得银奖。除了多肉植物以外，该工作室还广泛利用花草、观赏植物和干花等各种材料来进行新颖独特的艺术创作。

联系地址：
千叶县浦安市东野 2-5-29
http://tokiiro.com/

Arenji Wo Tanoshimu Tanikushokubutsu Book
Sodate Kata Kara Yoseue、Kazari Kata Made
©gig 2014
Originally published in Japan in 2014 and all rights reserved
by MATES PUBLISHING CO. LTD. TOKYO
Chinese (Simplified Character only)　translation rights arranged through
TOHAN CORPORATION, TOKYO.

©2015，简体中文版权归辽宁科学技术出版社所有。
本书由MATES PUBLISHING CO. LTD.授权辽宁科学技术出版社在中国出版中文简体
字版本。著作权合同登记号：06-2014第169号。

图书在版编目（CIP）数据

多肉植物BOOK／（日）季色著；唐宁译. —沈阳：
辽宁科学技术出版社，2015.9
ISBN 978-7-5381-9401-2

Ⅰ. ①多… Ⅱ. ①季… ②唐… Ⅲ. ①多浆植物—
观赏园艺 Ⅳ. ①S682.33

中国版本图书馆CIP数据核字（2015）第195034号

出版发行：辽宁科学技术出版社
　　　　　（地址：沈阳市和平区十一纬路29号　邮编：110003）
印　刷　者：辽宁新华印务有限公司
经　销　者：各地新华书店
幅面尺寸：168mm×236mm
印　　张：8
字　　数：250千字
出版时间：2015年9月第1版
印刷时间：2015年9月第1次印刷
责任编辑：高　鹏
封面设计：图格设计
版式设计：图格设计
责任校对：唐丽萍

书　　号：ISBN 978-7-5381-9401-2
定　　价：38.00元

联系电话：024-23284373
邮购热线：024-23284502
邮　　箱：lnkj1107@126.com